U0065630

達克比辦案 9

巨型動物與復活生物學

文 胡妙芬　圖 柯智元

達克比形象原創 彭永成

審訂 楊子睿 古生物學家、國立自然科學博物館研究員

親子天下 Education · Parenting Family lifestyle

從最有趣的漫畫中學到最有趣的科學

中正大學通識教育中心特聘教授與教務長、「科學傳播教育研究室」主持人 **黃俊儒**

許多科學家在回顧自己的研究生涯時，經常會提到小時候受到哪些科學讀物的關鍵影響，其中不乏精采的小說、電影或漫畫。流行文化文本對於讀者所產生的潛移默化作用，可能遠比我們所能想像的更深更遠。

過往的年代，小朋友看漫畫會被長輩斥責是在看「尪仔冊」，意思就是內容比較不正經。但是這個年代卻大大的不一樣，透過漫畫傳遞知識成為一個重要的顯學，因為漫畫可以將許多抽象的科學知識具體化，讓科學理論、數學符號、原理算式都變得栩栩如生、躍然紙上。此外，透過情節的鋪陳，更可以讓讀者拉近科學知識與生活情境之間的關係。

「有趣」是學習過程中一件很重要的事，看達克比一邊辦案一邊抖出各種動物的祕密，不知不覺就學到許多生物的知識。在孩童開始接受嚴肅的教科書洗禮之前，如果有機會從最有趣的漫畫中學到最有趣的科學，相信他們一定可以跟這些知識保持一輩子的好關係！

帶著孩子思辨的最佳科普讀物

新北市鶯歌國小閱讀推動教師 **賴玉敏**

《達克比辦案9》出版囉！能想像孩子們一聽到這個消息，一定會發出一聲「哇」的驚嘆聲！【達克比辦案】系列就是有這樣的魅力，能讓孩子喜歡和期待。我這位資深圖書館老師，可見證著鴨嘴獸警察達克比的受歡迎程度啊！不僅是詢問度高，而且也是常常漂流在外、書回不來圖書館的暢銷好書之一。

從第一集到第九集，也看見作者的用心，將科普知識包裝在有趣的漫畫中，讓讀者一打開書頁，就無法停下來。而且達克比辦案的技巧越來越先進，還結合外星人、超越時空的情節，彷彿就像是哆啦A夢，有著各式各樣先進的科技辦案武器，科技與科幻的融合是特色之一。

讓我更驚豔的是本集的內容，不僅讓各種古生物出現在讀者眼前，也介紹了我們所不知道的復活生物學技術例如人工選殖、基因複製等，讓人驚嘆生物學技術的日新月異。

然而，讓劍齒虎、巨爪地懶復活好嗎？我們真的要把遠古生物找回來嗎？作者更是藉由外星人兄弟提出不同的看法，希望讓讀者能思考這個問題，人類逆天而行，打破大自然的定律，帶來的後果會是什麼呢？作者在書中放入了思辨的元素，希望大小讀者思考與討論：科技的進步究竟帶給大自然的是禮物還是浩劫？希望大讀者能帶著小讀者不僅看漫畫、看趣味，也能試著解讀書中所設計的圖表訊息，解讀作者想表達的涵義及特色，做個有科普素養的「越讀者」！

絕無冷場的科普饗宴

臺南市教育局創思與教學研發中心專任研究教師 **彭遠芬**

對我來說，科普閱讀陌生難親近，從來不會主動去碰，直到遇見了【達克比辦案】系列。從一打開書，讀到任務裝備、辦案情節發展、動物小檔案和科普知識介紹，以及有趣又有深度的辦案心得時，就深深被吸引。各種動物被擬人化後，不僅可以讓孩子感覺身歷其境；具備發明精神的情節安排，更能讓孩子在閱讀的過程中吸收科學新知；同時帶著人性的眼光，設身處地的思考關於人類與自然環境、不同生物互動的哲學與態度。

然而，此書系更讓我心動的是，作者運用各式各樣的表格，將原本看似複雜的知識化繁為簡，讓孩子能從中學習多樣化的訊息整理方式。老師也可以帶著孩子學習仿作，培養這樣的技能後，還可以移植應用到任何領域的學習。作者的精心規劃，不論在孩子的學習、師長的教學上，都在在令人驚嘆連連啊！

打開第九集的書頁前，不斷揣想著：作者又要用什麼樣的創意，領我們進入未知卻繽紛的科學世界？讀者的大腦即將再經歷什麼樣的知識饗宴？一到八集沒有一集冷場，第九集當然也不例外。趕快一起來讀，看看這次作者如何妙手轉化最先進的「復活生物學」知識，保證再次讓你拍案叫絕，絕無冷場！

爸媽教養路上不能錯過的好朋友：【達克比辦案】系列

資深國小老師、教育部 101 年度閱讀磐石個人獎得主 **林怡辰**

「請問老師，孩子不愛看書怎麼辦？」、「我的孩子上了國中，很多地科生物的課本都看不懂，可以怎麼幫助他？」推廣閱讀多年，最常見的閱讀興趣養成、閱讀偏食、缺乏科普閱讀，甚至自然科學類的學習問題等，每每我的答案都是：【達克比辦案】。

強力吸睛的漫畫，加上臺大動物所畢業的兒童科普作家胡妙芬親自撰寫的內容，常常在圖書館還沒上架，就被引頸企盼的孩子們敲破了碗。清楚對話、詳盡對照圖表，從第一集動物的保護色、第二三四五集動物育兒和特殊行為，幫國小自然科做了最好的補充和延伸閱讀。第六集的演化和古生物滅絕，更將這個系列往更高的演化層次提升，也把國中比較抽象的地球科學，用漫畫做了清晰且接地氣的示範，真的是一讀就懂！

轉眼達克比出第九集了，這集除了談孩子熟悉的冰期動物明星外，更有生物複製技術、絕種動物復活的問題，站在前一集的天擇上，再往DNA複製技術的概念前進，最後留下冰期巨型動物滅絕和人類的關係。闔上書頁，我實在感動不已！

常來回新加坡、馬來西亞和各地老師分享交流，臺灣的出版品常常令當地老師和家長欽羨，尤其是不斷進化的【達克比辦案】系列。如果您是家長或師長，別輕易讓孩子錯過這套臺灣出版品的驕傲！

目錄

鴨嘴獸「達克比」是一個動物警察，
駐守在河邊的小木屋派出所。

達克比的任務裝備

達克比，游河裡，上山下海，哪兒都去；
有愛心，守正義，打擊犯罪，他跑第一。

猜猜看，他會遇到什麼有趣的動物案件呢？

最後一隻劍齒虎

※為何不說「冰河時期」？請見第 14 頁。

轟

歡迎回到末次冰期！
小博慢點，小心跌倒！
耶！

馬上就能看到團長的冰河動物，我太興奮了啦！

吱——

啊？
怎麼什麼都沒有？
動物都跑到哪裡去了？

怎麼回事？
動物都不見了？

嗚哇哇～

誰？是誰？
松鼠?!

有個怪傢伙突然闖進來，把他們全都帶走了……

只剩下我！

你沒被壞人帶走
很幸運，為什麼
哭呢？

因為他
嫌棄我！

他說自己喜歡「巨
型動物」，不喜
歡我這種小不點，
嗚嗚嗚……

嫌犯特徵：喜歡
巨大的動物……
沙
沙

快來看！這邊
有好多腳印～

!!

末次冰期與巨型動物群

地球曾經出現數次的寒冷冰期。最後的一次稱為「末次冰期」，大約是在距今11萬年～1萬2000年前。有些人誤稱它為「冰河時期」，其實「冰河時期」和「冰期」不太一樣！冰河時期的時間更長，一次「冰河時期」是由多次寒冷的「冰期」及溫暖的「間冰期」交替出現所組成。我們現在還活在「第四紀冰河時期」中，第四紀冰河時期從開始到現在已經 260 萬年；只是現在是「間冰期」，所以並不算十分寒冷。

末次冰期的動物，像是長毛象、劍齒虎、大角鹿、披毛犀、大地懶等，都比現代的同類龐大許多，被稱為「巨型動物群」。許多巨型動物在末次冰期接近結束時滅亡，原因可能是氣候的劇烈變化，再加上人類的出現。

南極過去 45 萬年的溫度循環變化 ※數據提供：美國猶他州地質調查所

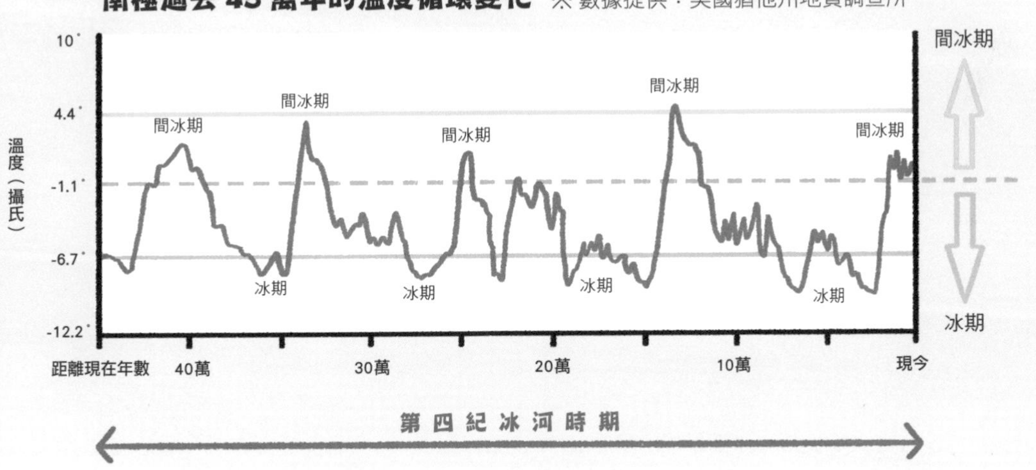
10°
4.4°
-1.1°
-6.7°
-12.2°
溫度（攝氏）
間冰期
間冰期
間冰期
間冰期
間冰期
間冰期
冰期
冰期
冰期
冰期
冰期
冰期
距離現在年數
40萬
30萬
20萬
10萬
現今
第四紀冰河時期

長毛象
披毛犀

奇怪？這腳印
不像動物……

咦？

跟團長的腳印很像，
步伐也差不多……

腳印通往那邊！
你們看！

唉，休假還要辦
案子，我命苦啊！

命苦什麼？！
趕快去看看啦！
唉

阿美你踩我的
背上去看看！
哈哈哈哈
嗯？
哈哈哈哈
哼！有什麼
好笑的啊？
討厭！
真沒禮貌。
哈哈哈哈哈哈
啪
啪
啪
：我們老虎少說也是動物界的霸主，你這樣嘲笑我們，很沒禮貌！何況你跟我們一樣是「虎」字輩，有什麼好笑的啊？
：哈哈哈，誰跟你們是同類！我是劍齒虎，而你們的犬齒這麼短又這麼小，應該叫短牙虎或小牙虎啊，哈哈哈……
：我們又不是劍齒虎，沒有劍齒很正常。你是最後一隻劍齒虎，要不是為了拯救你們，誰要來這種冷得要命的鬼地方呀？

劍齒虎小檔案

姓　名	劍齒虎
生存時間	距今約4200 萬年～1萬1000年前
體型與特徵	是可怕的掠食性動物，體型像熊，比起像老虎、獅子等現代的貓科動物，都來得粗壯龐大。牠們最強的武器是像「劍」一般的犬齒。犬齒長達 20 公分，只需一對就可插入獵物身體的深處，並能盡量擴大傷口，造成獵物的大量出血而死亡。
滅亡原因	劍齒虎的食物來源是大型的草食動物。當末次冰期結束，大型草食動物消失以後，劍齒虎也因為缺乏食物而跟著滅亡。

你們說得沒錯，我看我們是沒救了，就跟其他動物一樣，鐵定要滅亡了！

唉～

別喪氣！我們的任務就是要
讓劍齒虎復活，這叫「復活生物學」！你懂不懂啊？
啪！

復活生物學？

啊啊啊……

砰！
砰！
鏘～

帶我們來的人
是這麼說的……
劍齒虎是偉大的肉食之王！牠的劍齒連獅子、老虎都比不上！

只可惜運氣不好，牠們竟然面臨了絕種的噩運……

你們的使命，就是去拯救他們！

怎麼救？抓動物給他們吃嗎？

不是！是跟他們結婚，為他們生很多小寶寶！
啊～真害羞！

生下的混血兒，會
保留劍齒虎最動人
的特徵「劍齒」。
就算有，也只是
短短的長牙吧？
沒關係，
慢慢來。
我們可以再接再厲，每次都挑選犬齒較長的
後代通婚、再通婚；最後就能得到越來越長
的劍齒，讓劍齒虎的偉大血脈永遠長存！
我喜歡！
這主意不錯！
感覺很
有希望！

什麼是「復活生物學」

復活生物學是一門新學問，又稱為「去滅絕」，目的是讓已經絕種的生物重新出現，也就是「除去」滅絕的意思。

不過，重新出現的生物不一定百分之百就是原來的絕種生物，有時候只是製造出外形非常相像的個體，例如以「人工選殖法」讓已經絕種的斑驢重新出現，就是最好的例子。

斑驢原本生活在非洲南部，因為會跟人類飼養的牛、羊搶草吃，所以遭到嚴重的獵殺，在 1883 年就絕種了。

復活絕招1：人工選殖

斑驢計畫

仔細看看斑驢，模樣很像斑馬，前半部主要由褐色和白色條紋圖案所構成，後半部呈黃褐色、無條紋。其實斑驢是平原斑馬的一個亞種（也就是同種生物，只是特徵有些微不同），所以科學家決定展開「斑驢計畫」，選擇使用「人工選殖」的方法，重現一百多年前絕種的斑驢。

步驟一：

先挑選幾隻「布氏斑馬」養在培育中心。布氏斑馬也是一種平原斑馬，外形最像斑驢。

步驟二：
人工挑選條紋顏色比較淺的斑馬交配，生出顏色更淺的第二代。

步驟三：
在野外繼續尋找顏色較淺的斑馬，加入繁殖的行列。

步驟四：
每次都挑選淺色的斑馬交配，重複幾代以後，開始出現像斑驢的後代。

到時候你們的後代將統治全世界！成為世界上最強的強者！

耶！我要去！
一起去！

我們是你的最後希望。為了拯救劍齒虎的未來，你就跟我們結婚吧！
等一下！
啪

是誰把你們從現代帶到古代來的？
怎麼可以這麼做呢？

嗯……

想不起來了。
我只記得他叫我們救劍齒虎，然後用失憶槌敲我們的頭……

敲完以後，其他就都不記得了。
方法怎麼跟團長很像……

這種做法不對！我不贊成！

！？！

萬一你們成功，那就換成現代的老虎、獅子、豹滅絕了！

啊？！
為什麼？

：劍齒虎有像刀子一樣的大犬齒，並且比老虎、獅子、豹都來得強壯。如果真的讓劍齒虎復活來到現代，你們老虎恐怕就要倒大楣了。

：這話怎麼說？為什麼呢？

：想想看，如果要捕捉大型的獵物，你們搶得過劍齒虎嗎？

：嗯……恐怕不行。就算可以，也要費很大、很大的力氣。

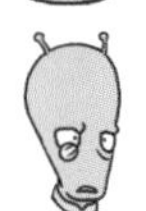

：這就對了！劍齒虎如果成功「復活」來到現代，恐怕所有的肉食動物都要餓肚子。到時候，反倒變成你們絕種了……

不同種的動物交配，大多生出不具繁殖能力的後代。像是馬與驢生出的「騾」不能正常生育；而獅與虎生出的「獅虎」，雄性沒有生育能力、雌性通常會有。

哎呦～沒這麼嚴重吧？
不試試看怎麼會知道呢？

我們一起努力，別讓
劍齒虎絕種，好嗎？
嗯嗯～
假牙

靠近

啾

喀嚓！

驚

啊哈哈哈！是假牙～
假牙
斷掉了～
是不是
可以扁他？
同意
砰！
砰！
啪！
噗
哈

我的辦案心得筆記

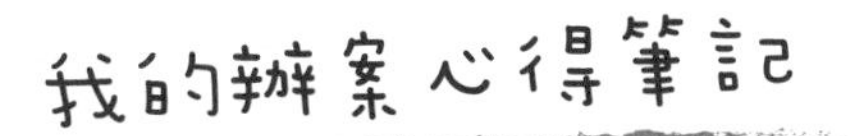

發現者：達克比一行人

發現原因：團長的冰河動物不見了

調查結果：

1. 地球的最後一次冰期，大約在1萬2000年前結束。現代是冰河時期的「間冰期」，氣候比較溫暖。

2. 「復活生物學」或「去滅絕」，是使已經絕種的動物重新出現，包括重新養出絕種動物，或是製造出外形相似的個體。

3. 劍齒虎的犬齒可長達20公分，而老虎的則是5～7公分。劍齒虎名字中雖然有「虎」，但和現代的老虎、獅子、豹等動物親緣關係很遠。

4. 用「人工選殖」方法「復活」的滅絕動物，只是外形相像。

5. 劍齒虎如果「復活」，現代的老虎、獅子等肉食動物可能會受到很大的威脅。

復活失敗

調查心得：

一二三四五，去救劍齒虎；

復活難又難，救援不簡單。

孤獨瑪麗與三個媽媽

嗯……

腳印好亂喔！
那小偷到底跑去哪了？

噓！你們聽……

嗚嗚嗚嗚嗚

有鬼在哭！我怕怕！
太丟臉……

聲音是從那邊傳來的！
大家跟我來！
靜──
哇嗚嗚嗚嗚……
哭得真慘！
這位太太，
別傷心了。

有什麼事說出來，
讓我們來幫忙～

我……

??

刷

刷刷

刷

親愛的～
你走了只剩下我，
我好想你啊！
：我和我丈夫是這附近僅存的巨爪地懶。但他還沒跟我生下一兒半女就死了，留下我孤零零的，所以大家都叫我「孤獨瑪麗」……
：好心酸的名字，又是一種即將滅絕的動物……
：可是前陣子來了一個大好人！他說他可以解救我們，幫我「製造」一個孩子，讓我們不會絕種。我實在太高興了！
：那個人是誰？長什麼樣子？快跟我說！
：他長得小小、怪怪的……但看起來很有學問……

他帶來兩隻奇怪的動物，叫做什麼「樹懶」。

?
!

樹懶是現代的動物，被帶到古代來！

那兩隻樹懶整天掛在樹上，動作慢得要命！
嗨——

你——

好——

巨爪地懶小檔案

姓　名	巨爪地懶
生存時間與地點	距今約 1030 萬年～1 萬 1000 年前的北美洲。
體型與特徵	擁有巨大的腳爪，是現代動物樹懶的近親。「樹」懶在「樹」上活動，巨爪「地」懶則在「地」面討生活。巨爪地懶的體型巨大，身長超過3公尺，體重超過 1000 公斤。為草食動物，以啃食葉子或是吃草為主，有時也會透過後腳直立，取得樹上的嫩枝與樹葉來吃。
滅亡原因	受到早期人類大量捕殺。

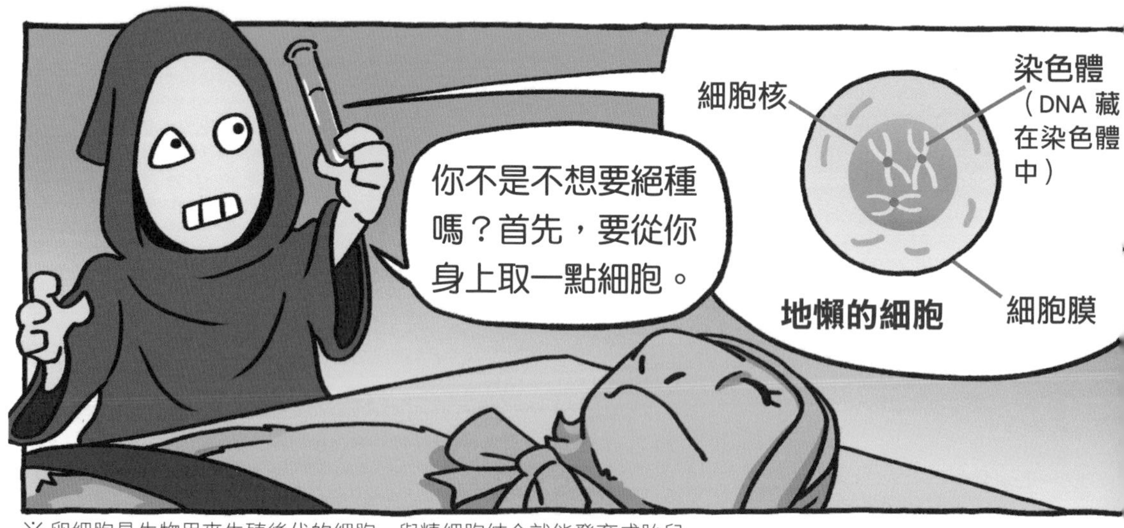

※ 卵細胞是生物用來生殖後代的細胞，與精細胞結合就能發育成胎兒。

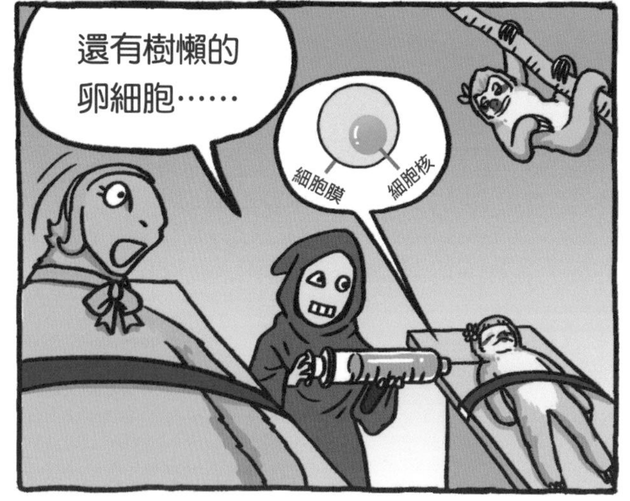

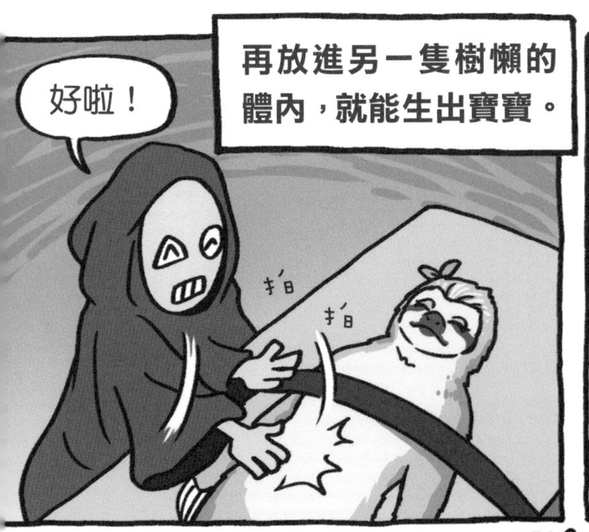
再放進另一隻樹懶的體內，就能生出寶寶。
好啦！
拍
拍

你的孩子將在樹懶的肚子裡長大。你要好好照顧樹懶，這樣巨爪地懶就能留下後代，不會絕種了，知道嗎？

耶，太好了！
謝謝你！
喂喂，小心！

可是，唉……

有人幫你脫離絕種的命運很好啊，為什麼嘆氣呢？

因為——

是樹懶！

這——
是——

我——

的肚子？

——的——
孩子——
咚
ㄎㄧㄤ

不——是——
她的——
夠了！

虧我每天做牛做馬，
把你餵飽！

竟然說肚裡的孩子要叫她媽媽！你們說可不可惡？！

寶寶既然是樹懶生的，叫她媽媽好像沒錯啊？
但是孩子的DNA是地懶的，應該叫地懶媽媽才對吧！

你們的想法
都沒錯……
不只這樣，未來的寶寶
會有三個「媽媽」！
媽媽 1 號
2號
3號
媽媽、
媽媽……
你說什麼?!
這是事實。
這是一種「複製技術」。一號媽媽提供 DNA，二號媽媽提供卵細胞，三號媽媽懷孕，複製寶寶才有可能出生。
複製技術

我懂了！

樹懶只是幫忙懷孕的「代理孕母」，生下來的寶寶是巨爪地懶的「複製品」！

沒錯！小博真聰明！

趕快筆記——神祕小偷再次拯救滅絕動物，會使用複製技術……

不過別高興太早。
複製技術不一定會成功……

復活絕招 2：複製技術

大部分的動物，都需要有父親的「精細胞」和母親的「卵細胞」結合，才能生出後代。但是，如果有一種動物全世界只剩最後一隻的時候，該怎麼辦呢？

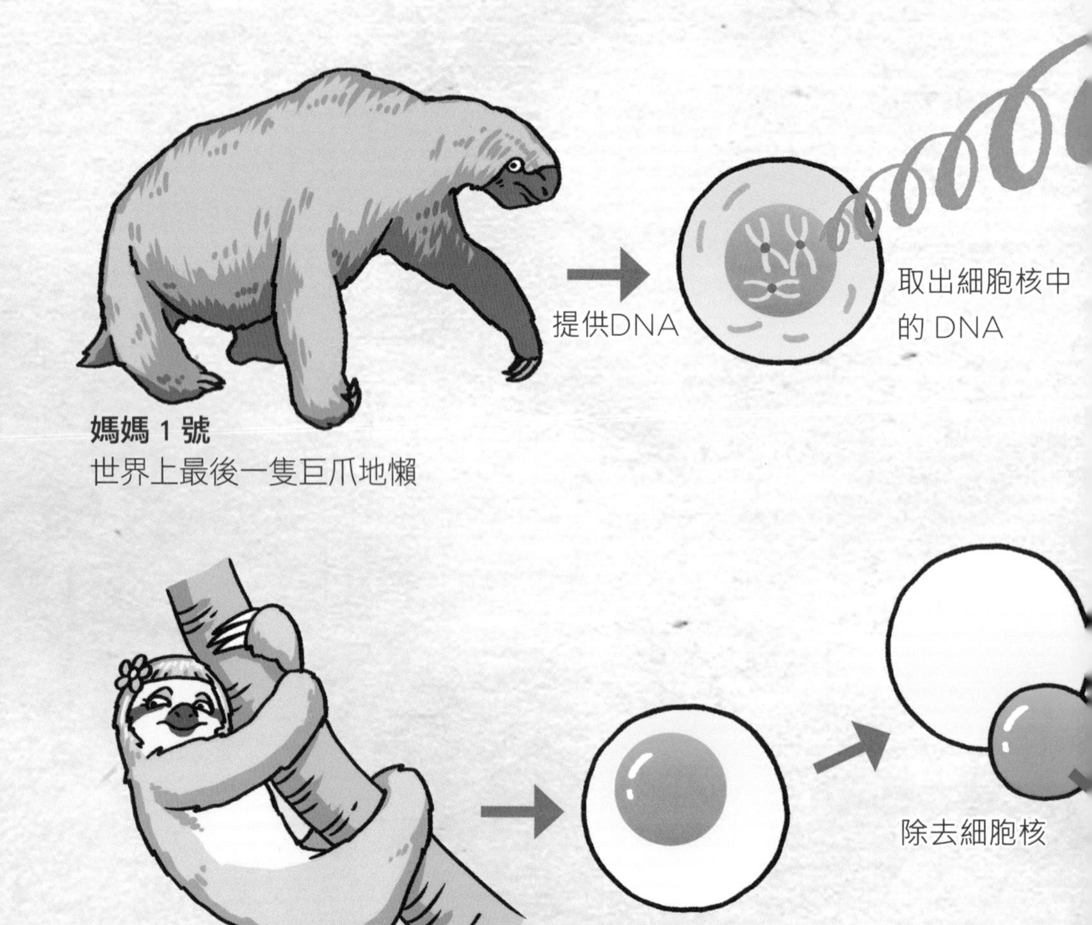

這時候，科學家可以用「複製技術」展開搶救。透過複製技術誕生的「複製寶寶」，DNA 會和最後一隻動物完全相同，所以牠們會長得一模一樣，就像「複製品」一樣。

為什麼？
那怎麼辦？
：因為樹懶和地懶畢竟是不同種的生物。要樹懶成功懷孕，順利生下一隻地懶寶寶，不是一件容易的事。
：期望越高，失望越大。孤獨瑪麗，我想成功的機率不高，你最好別抱太大的希望……

怎麼可能？
你看看她！

她肚子變大不就表示她真的懷孕了，不是嗎？

第一個「復活」案例：庇里牛斯羱羊
我叫「西莉雅」，是世界上最後一隻庇里牛斯羱羊！
西元2000年，西莉雅不小心被樹枝壓死。還好科學家早已經採集了牠的細胞，保存在實驗室裡。
呃，我死了！
接下來幾年間，科學家用「複製技術」使絕種的庇里牛斯羱羊「復活」。
希望會成功！
西莉雅提供DNA
抽出DNA
母山羊提供卵細胞
除去細胞核
西莉雅的DNA進入母山羊的卵細胞
植入體內
另一隻母山羊幫忙懷孕

※「羱」念成「ㄩㄢˊ」

經過幾次失敗以後，有一隻母山羊成功生下庇里牛斯羱羊，成為全世界第一種成功「復活」的滅絕動物。
耶！成功！
但是小寶寶只活了短短十分鐘，就因為呼吸困難而死亡。
嗚，失敗了！
雖然庇里牛斯羱羊只「復活」了十分鐘，但科學家相信，未來的技術一定會越來越進步。所以許多動物園成立「冰凍動物園」，把瀕臨絕種動物的DNA、精子或其他細胞冰凍起來，未來技術進步時，就可以用來使滅絕生物「復活」。
冰凍動物園
零下196°C的液態氮桶
老虎
爪哇野牛
白犀牛
海龜
大象
黑腳企鵝

是嗎？

麻煩你下來
一下下。

爬

爬

ZZZZZZ...
爬

用我的透視解剖
刀透視看看。

便祕中
啊?！
都是大便！

原來是東西吃太多，
根本沒懷孕！

期待落空了！
嗚哇哇

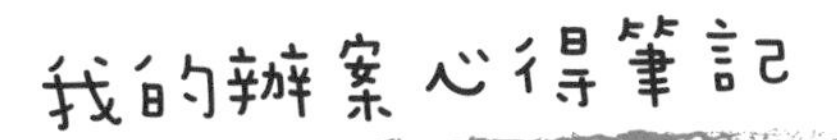

發現者：阿美

發現原因：樹林傳出神祕哭聲

調查結果：

1. 巨爪地懶很巨大，體長可達3公尺，牠們的現代近親是樹懶。

2. 複製技術是使滅絕生物復活，最有希望的技術。

3. 世界上第一種「復活」成功的案例是庇里牛斯羱羊，但只活了短短十分鐘就死了。

4. 複製技術需要三個媽媽：第一個提供DNA、第二個提供卵細胞、第三個幫忙懷孕。出生的複製寶寶會和第一個長得一模一樣。

5. 孤獨瑪麗想通了，既然最後都會絕種，生命中剩下的日子每天都要哈哈笑，不要哇哇哭。

調查心得：

複製一個他，需要三個媽；

樹懶生地懶，小媽大娃娃。

多多鳥危機

看來這個小偷專門
拯救滅絕動物。

雖然他偷走了團長的
動物，但不像壞人！

我覺得他是好人！
有愛心拯救動物！

太有愛心也可能
會闖下大禍……

啊哈哈
噠
噠

你們是誰？
從來沒見過！
嘻嘻！
咻
啊
救命

哇，胖嘟嘟的。
好可愛！
是這樣戴嗎？
呃

奇怪，你有點面熟耶？
這是什麼？
哇，我看到螞蟻打架！

報告、報告！

模里西斯的多多鳥！
訓練時間到了，快來集合！

啊！
差點忘了！
訓練時間！
拍
拍

沒空陪你們玩了！再見～
大家快點！
要遲到了！
噠
噠

咻——

嘩
噠
噠

他們是誰啊？
真活潑，一點都不怕生。

他們是我園裡的多多鳥。

小偷很可能就在那邊，我們跟著他們！

多多鳥小檔案

姓　名	多多鳥（或譯「度度鳥」或「渡渡鳥」）
生存時間	科學家發現1萬2000 年前的多多鳥骨骼化石，所以多多鳥最晚在1萬2000年前就已經存在。最後一隻多多鳥，可能是在西元1688～1715 年間消失。
出現地點	非洲附近的模里西斯島
體型與特徵	翅膀小、不會飛，體型大而胖，身高大約 1 公尺。牠們不怕人，把鳥巢築在地面上；嘴尖有彎鉤，只吃模里西斯島上特有的大櫨欖樹果實。
滅亡原因	人類登上模里西斯島

躲避人類訓練中心
這是什麼奇怪的地方？
為什麼要躲避人類？
冰期又沒有人！
誰說的，末次冰期早就有原始人了！
訓練要開始了！多多鳥注意！注意！
奇怪，這個聲音……
呃
不管了，先爬牆進去看看再說。

第一階段！
認識人類！
咔
刷
刷
刷
刷
啊
人類長這樣啊？
只有兩隻腳！
嘿，跟我們
一樣耶！
這是？

嘿，借我一下！
刷

你看我美嗎？
哈
哈

奇怪，這是什麼？

是眼罩嗎？
哈哈
啊哈哈

奇怪，怎麼看不見了？
我也是～唉唷喂～
噠

砰

哈哈
暈
哈
哈哈

哈哈
哈哈
哈
啪
哈哈
啪
啪
哈
：真慘，這些多多鳥從來沒看過半個人類，真的一點都不怕人。以後真的遇到人類的時候，很容易統統被抓起來吃掉。
：可是早在末次冰期人類就出現了，多多鳥為什麼沒看過人類啊？
：因為多多鳥居住在偏遠的模里西斯島上，那個島在印度洋中，和其他大陸隔著海。人類一直沒有去到島上，直到……
大會報告！大會報告！
……

第二階段，
認識人類的武器！
刷
鏘
刷
啊！
砰
呱啊！

滋
滋

啊
啊
啪
啪
啪

帥耶！
咻
咻
咻
好看！

決鬥吧！
來呀！

鏘
鏘
刷
咻

嘻嘻

嗯？

啊
砰
呼～
哈哈
哈
可惡！
一群笨蛋！
吱——

刷——
啊

刷——
哇
啊

你們這些無知的多多鳥！看清楚了，我是人類！
啊
啊
抖
抖
抖
：人類手上的刀子和槍，是用來殺你們的！人類不但會吃你們的肉，喝你們的血，還會把你們的骨頭做成標本！
：可是我們不認識人類，為什麼人類要這樣對待我們？
：因為人類也要活下去！肚子餓的時候，剛好抓你們這些傻瓜來吃！誰叫你們不怕人類，不快點跑去躲起來！趕快學會害怕人類，未來你們就不會因為人類出現而滅絕了！

看招！

啊啊啊
刷
鏘

啊啊啊
啊啊啊
刷
鏘

救命！
救命啊！

！
啊？

刷—

你是誰？為什麼傷害多多鳥？
：我不是要傷害他們！我是在訓練他們！
：訓練他們害怕人類？可是萬一真的受傷怎麼辦？
：不會的！我只是嚇嚇他們。而且就算讓他們受一點傷，總比他們對人類毫無戒心，到了十七世紀被人類殺光、吃光，一隻都不剩來得好吧？
：他說的沒錯！多多鳥真的是因為人類登上模里西斯島，而在十七世紀滅亡的！

多多鳥怎麼消失了？
人類很聰明，懂得用武器和團隊合作來打獵。而且人類剛出現在許多地方時，有些動物因為從來沒見過人類而不懂得躲避，所以被人類大量獵殺、走向滅亡，多多鳥就是一個極為有名的例子。
嗝
哈哈，吃得真飽！
距今 1 萬 2000 年～三百多年前，模里西斯島上住著很多多多鳥。島上沒有人，也沒有大型的天敵，所以多多鳥不會飛，把鳥巢築在地上，過著幸福快樂的生活。
但是西元 1505 年，葡萄牙人發現了模里西斯島，還有島上的多多鳥。
有種不好的預感……

從來沒有見過人類的多多鳥，遇到人根本不會躲開。
水手們很容易就能抓到多多鳥來吃。
煮湯應該很好吃！
嗚哇～不要啦～～
人類還帶來了貓、狗和老鼠，牠們經常吃掉多多鳥的蛋。多多鳥迅速減少，不出 200 年，就從地球上完全消失了。
嗚，我的寶貝蛋……

事實上，沒有人比我更愛他們了！

為了多多鳥，我提前訓練他們，讓他們認識人類的可怕！

我也喜歡其他冰河動物，所以我……

所以你就偷走我的冰河動物，好讓他們不要滅絕嗎？

啊
!

怎麼會是你？

咦？你們兩個
認識？
不～～
想跑？
嘻嘻……
刷
哇！

你們兩個？
一模一樣……

：說！為什麼偷走我的冰河動物？

：我不想眼睜睜看著他們滅亡，所以我要想辦法拯救他們，希望他們生存下去！

：可是我早就告訴過你，我們不是神，不能回到過去改變地球的歷史。如果你讓古代已經絕種的動物復活，那現代的動物該怎麼辦？

：我……我……

：拯救已經滅絕的古代動物，會影響現代動物的生存。難道你為了古代的動物，就不管現代動物的死活嗎？

讓滅絕動物復活可能會產生的問題
沒有對象可以學習
有些動物需要在出生後向同類學習求偶、覓食或其他行為。復活的旅鴿可能沒有人可以教導牠們。
請教我求偶好嗎？
找錯人了吧！
熱死了，好想剃毛……
無法適應現代的環境
古代和現代的氣候、環境都不同。復活的長毛象在今日，可能找不到足夠、適合生存的地方。
可能帶來危險
復活的古代動物，可能與現代動物競爭空間、食物，甚至帶來危險。例如暴龍如果成功復活，可能會捕食大部分的現代動物，破壞生態平衡。
救命～是誰讓暴龍復活的啦！

嗯……
#ㄜ△○！
⊙□☆ㄣ※

嗚哇哇
€%¥□……

喂，這傢伙到底是誰，為什麼長得跟你一模一樣？

他是我的雙胞胎弟弟，跟我一樣喜歡研究地球動物啦！

他比你高這麼多，怎麼可能是你的雙胞胎弟弟啊？

答案很簡單，
看這邊！
暴露狂～
我不敢看！

哈哈，不是啦！

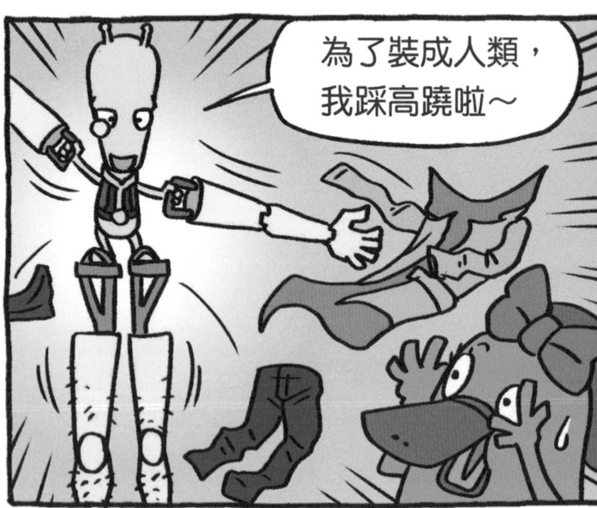
為了裝成人類，
我踩高蹺啦～

真有趣！
借我玩！
哥，
救我……
鏘
砰
噗！

我的辦案心得筆記

發現者：地球古生物調查團團長

發現原因：跟蹤多多鳥到「躲避人類」訓練中心

調查結果：

1. 非洲模里西斯島上特有的「多多鳥」，是因為人類出現而滅絕的真實案例。

2. 十六世紀初，葡萄牙人登上模里西斯島以前，多多鳥從來沒有接觸過人類，所以不怕人，很容易被人抓到、吃掉；所以在 200 年內就從地球上消失不見。

3. 動物會躲避人類，是一種「有助於生存的恐懼」。這種恐懼必須經過動物和人長時間相處，才會演化出來。多多鳥還來不及演化出這種恐懼就絕種了。

4. 多多鳥訓練失敗，被送回模里西斯島，繼續過著幸福快樂的生活。

調查心得：

無知的勇敢不是光榮，
適當的膽小有助生存。

冰原迷你象

嘿嘿~好了！
團長是痣和膏藥，弟弟是刀疤！
噗
嘻
哈哈哈
哈哈哈
哈哈

呵呵，不要
生氣嘛～

你們兩個
這麼像，
做記號才知道
誰是誰啊～

氣死我了！

你什麼時候才要
把動物還給我？

哼，我的計畫還沒完
成，完成後自然就會
交出來了啦！

可惡！你從小
就這樣！
咚
哎喲！

：我不是說了讓古代的滅絕動物復活，會製造出很多問題……

：哪會有什麼問題？地球上的動物，不是越多越好嗎？

：不對，地球上的食物和空間有限，已經滅絕的動物如果復活，會和現存的動物競爭搶食、搶空間，甚至引發一場混亂！

：那簡單！我把他們隔離開來，沒有機會吵不就得了？

：不可能完全隔離！而且，有些動物就算復活了，沒有媽媽或同類教導，也不懂得怎麼覓食、求偶，甚至不會築巢，那又該怎麼辦？

：呃……這個……我……

：我們應該把時間、體力和金錢花在搶救瀕臨絕種的現代動物，而不是讓過去已經滅亡的生物復活。這些道理我都跟你說過，你為什麼就是不聽呢？

快說，你把我的長毛象帶到哪裡去了？
不想說！

不說嗎？那我打電話給馬麻囉！
嘟一
嘟一
啊

喂～馬麻～
好啦，我說就是了。

我帶你去看他們，總可以了吧？
ㄉㄨㄞ
ㄉㄨㄞ

OK～

那我們一起出發吧！
GO！

嘩—
嘩—

就是那裡，我把長毛象帶到那個島上去了。

我沒有看到什麼長毛象啊！

哇，有鯨魚，大家快看！

可是鯨魚怎麼會有毛咧？

是長毛象！
尢尢尢～
尢～～

長毛象小檔案

姓名	長毛象
生存時間	距今 15 萬年前出現，但大部分在 1 萬 2000 年前消失，最後一批大約於西元前 1700 年滅亡。
體型與特徵	長毛象是猛獁象的一種，又稱為「真猛獁象」或「毛猛獁」。牠們生存在寒冷的北美洲和歐亞大陸的北方，為了禦寒，身上長著厚厚的長毛。長毛象的象牙比現代的象更長、更彎曲，體型大小和非洲象差不多，肩高可以高達 4 公尺，體重 6000 公斤。
滅亡原因	推斷是因為冰期結束、氣候變暖，再加上人類的大量獵殺。

救救我們，我們快
沒有力氣游泳了！

快淹死了，拜託
救救我們……

快拉他們
上來！

怎麼拉？
他們好重！

試試拉鼻子！

用力！

咿……

再加把勁！

ㄤㄤ！好痛啊！

大家讓開！

刷—
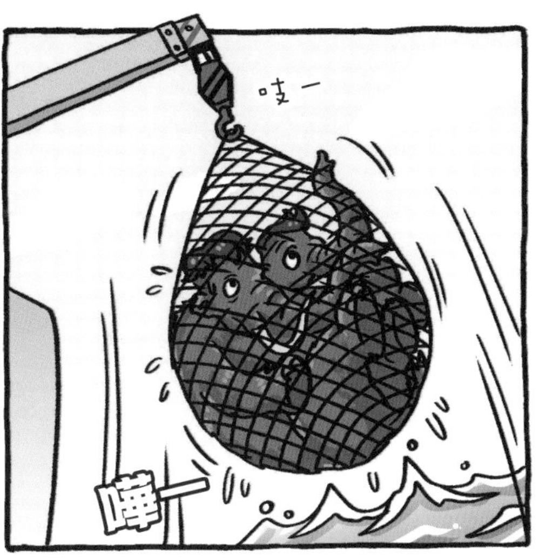
吱—
嘩—

耶，成功了！
是誰救的？

是團長的弟弟！

砰
砰

太好了，
安全了！

他們應該
沒事吧？
應該只是
太累了。
呼……

嘩—

哼！都是你！

快放我下來！

別生氣，
剛才是他把你們從海裡救上來的耶！

哼！

啊！
咚

但把我們丟到孤島上的也是他啊！
沒錯！就是這傢伙～
：這個小島的食物根本不夠！只有個子小的長毛象才勉強可以吃飽，像我們兩隻大塊頭，每天都在餓肚子！
：餓肚子真難受！所以我們才想游回老家，在冰原大陸上雖然有人類捕獵我們，但我們可以躲，而且食物豐富，每天都可以吃飽！只是我們太餓了，游到一半就沒力氣，差點淹死在海裡……

說！你不是最愛拯救動物嗎？為什麼帶他們來島上，害他們受苦受難呢？

很簡單！我是有目的的……
啪
啪

※「迭」念成「　ㄉㄧㄝˊ」。

※「侏儒」念成（ㄓㄨ ㄖㄨˊ），原指因為天生骨骼發育不全而過度矮小的人，這裡用來譬喻比同類矮小的動物。

迷你象是怎麼出現的？

大象雖重，卻擅長游泳。牠們偶爾會不小心游到島嶼，而定居在島嶼上，之後卻因為食物少、空間小，體型小的後代才適合生存下來。所以經過一代又一代的演化以

後，慢慢在島上出現「迷你版」的後代。科學家在現今俄羅斯的弗蘭格爾島、希臘的克里特島等，都發現了這些迷你象的化石。

自然發生的大復活：迭代演化

大自然中有滅絕動物重新復活的例子，但是非常少見，稱為「迭代演化」或「重覆演化」。例如動物A在A環境中，慢慢演化成動物B，但是動物B後來滅絕了；那麼，只要原先的動物A或動物A的近親，再一次進入A環境中，經過一段時間的演化、適應後，就可能重新演化出動物B，或與動物B具有相同外形的動物。

迭代演化的例子——白喉秧雞

過了一段時間後，阿爾達布拉環礁又重新露出水面。會飛行的白喉秧雞祖先，又飛來到這裡定居。
這裡好像不錯～
我們就住在這裡吧！
因為島上沒有天敵，新來的白喉秧雞祖先又重覆之前的演化過程，再度演化成不會飛行的白喉秧雞。
這裡簡直是天堂！
不會飛也沒什麼大不了的！
耶，復活囉！

好聰明，我都沒
想過這種方法！

好感動！終於有人
欣賞我的才華了。

你聰明才怪！

從頭到尾沒有
替我們著想！

只為了復活迷你
象，就犧牲我們！
對啊，好沒良心，
嗚……

這是？
噠
噠

島上的食物本來就不多了，現在又來了這些大傢伙。
唉，準備餓肚子囉！

連島上的雕齒獸都這麼說……

嗶嗶—
咦？

刷
!
!

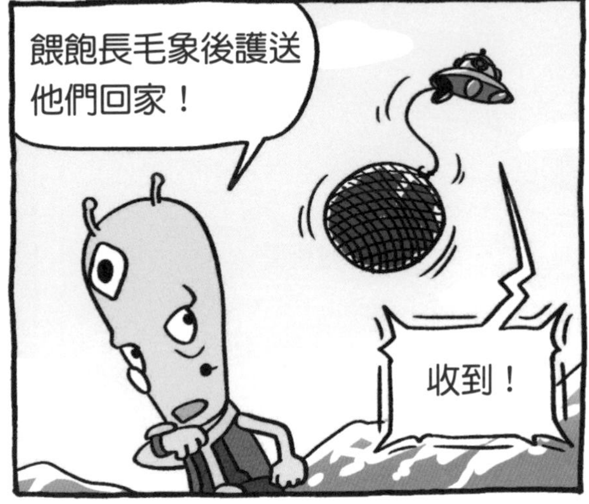
餵飽長毛象後護送他們回家！
收到！

喂～馬麻我跟你說，弟
弟他不乖把我的……

轟

哼！
啊
啊
啊

喂，你別跑！
嗚
嗚

去哪裡？
等等我～

我的辦案心得筆記

發現者：古生物調查團團長的弟弟

發現原因：受到哥哥逼迫，主動帶達克比一行人前往

調查結果：

1. 「迭代演化」就是按照過去類似的方式，重覆演化出來的意思。

2. 大自然有時候會有滅絕的動物以「迭代演化」的方式自然復活，但是非常少見。白喉秧雞就是迭代演化的例子。

3. 體型大的動物定居在島嶼上以後，因為食物少、空間小，容易演化出「侏儒化」的後代，例如俄羅斯弗蘭格爾島上的迷你長毛象。

4. 地中海的島嶼上，也有許多迷你象的化石。目前體型最小的是馬爾他島上的「歐洲矮象」，肩高只有 90 公分，跟人類的 4 歲小孩差不多高。

調查心得：
海上漂流記，演化真神奇；
島嶼侏儒化，大象變迷你。

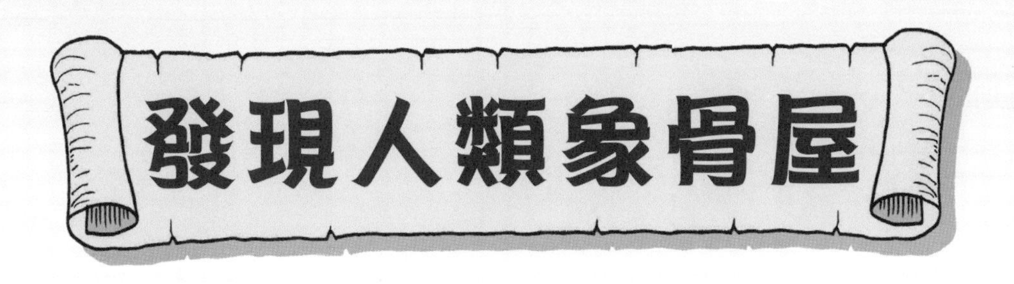
發現人類象骨屋

沙
沙

吱—

嘿，你不要感到沮喪啦～
對啊，你哥哥是好人，他不是故意傷害你的。

我……

哈哈哈哈

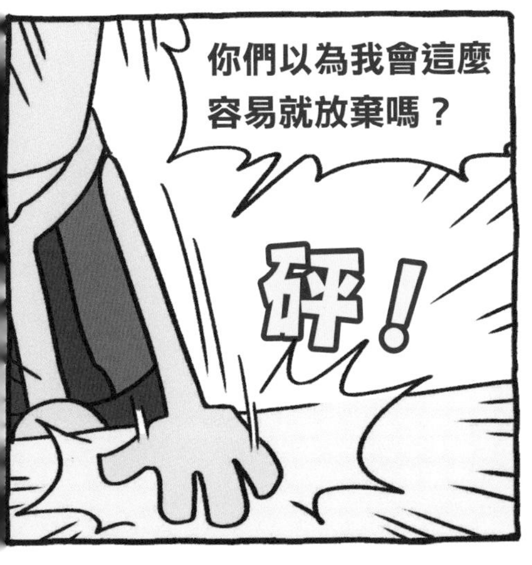
你們以為我會這麼容易就放棄嗎？
砰！

哥哥不給我長毛象，我就自己「做」一隻！

你們看！
刷

噹啷！
Z Z Z

呃

啊

克羅馬儂人小檔案

姓　名	克羅馬儂人
生存時間	距今大約４萬年～１萬年前的歐洲
體型與特徵	克羅馬儂人跟現代人類一樣，屬於「智人」的一種，其化石首度在法國西南部的克羅馬儂石窟中被發現。克羅馬儂人身材高大，主要以打獵維生，會用敲打石頭的方式製造工具，也會用火，並已發展出高超的繪畫技巧。
滅亡原因	有些專家認為，克羅馬儂人可能沒有滅亡。生活在現代西班牙中北部和法國西南部的「巴斯克人」，可能是克羅馬儂人的後代。

他們從哪裡來？

克羅馬儂人是上一次冰期居住在歐洲的早期人類。他們的祖先可能來自非洲，在距今 5 萬年前從中東或地中海進入東歐，然後在 3 萬 5000 年前到達歐洲的西邊。

那個時期的歐洲是一片沒有樹的廣大草原，克羅馬儂人在草原上捕獵馬、鹿、羚羊、野牛、長毛象等大型草食動物，從他們留在洞穴石壁上的畫像就可以看到這些動物。

克羅馬儂人正在狩獵長毛象的圖畫。

你做的長毛象，
鼻子真短耶！
暈倒

這是人類！
不是長毛象！
咚！

現在，活生生的長毛象已經不多了！

我只好抓來一個人類小孩，用他身上穿的長毛象毛皮，製作一隻長毛象！

你是說這樣嗎？

當然不是！
砰！

：我是抽出長毛象毛皮細胞裡的遺傳物質 DNA，來製造長毛象。
：可是毛皮做成衣服那麼久了，裡面的 DNA 應該已經損壞，你覺得會成功嗎？
：你的擔心一點都沒錯。所以我剪下現代大象的 DNA 來修補長毛象的 DNA，這種技術叫做「基因編輯」，是目前最被看好、最有可能成功的復活技術！
基因編輯技術
絕種動物的化石非常古老，化石裡的 DNA 有許多地方斷裂、消失。
「基因編輯技術」是用牠們現代親戚的 DNA 來修補，就像「剪下+貼上」一樣，希望得到比較完整的 DNA。

長毛象大復活？

從冰凍的長毛象抽出 DNA。因為年代久遠，DNA 有部分斷裂、消失。

長毛象的 DNA

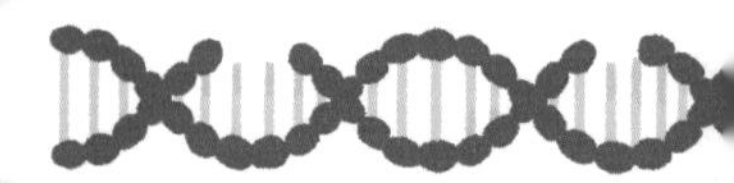

基因編輯好的 DNA

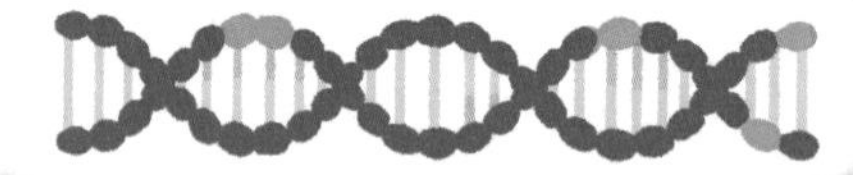

利用基因編輯技術，用亞洲象的 DNA 把長毛象不見的 DNA 補起來。

把修補好的 DNA 放進亞洲象的卵細胞裡。

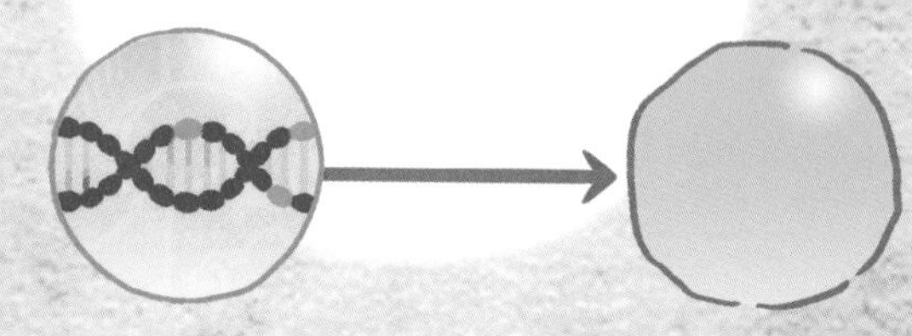

卵細胞開始順利發育。

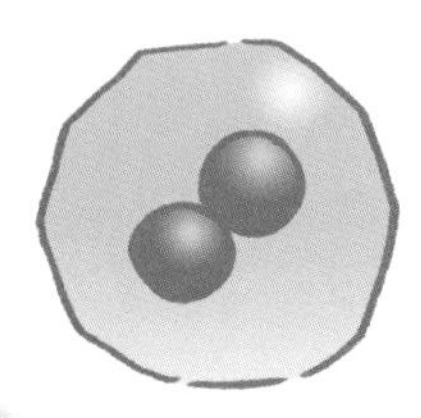

長毛象滅亡的年代，離現在不算遠。在寒冷的西伯利亞，經常還能挖到冰凍超過一萬年的長毛象屍體。科學家計劃先從這種屍體中抽出長毛象的 DNA，再經過「基因編輯技術」、利用現代亞洲象的 DNA 來加以修補的話，說不定「有機會」製造出與古代長毛象非常相似的長毛象來。

亞洲象是長毛象親緣關係最近的大象，DNA 跟長毛象也最相似。

亞洲象的 DNA

取出亞洲象的 DNA。

把發育中的卵細胞植入母亞洲象的子宮裡。

母亞洲象經過完整的懷孕過程，順利生下長著長毛的小寶寶。這個寶寶不是真正的長毛象，而是長毛象與亞洲象的混血。

什麼？
又失敗了！
砰

長毛象的 DNA 不足？
嗶嗶

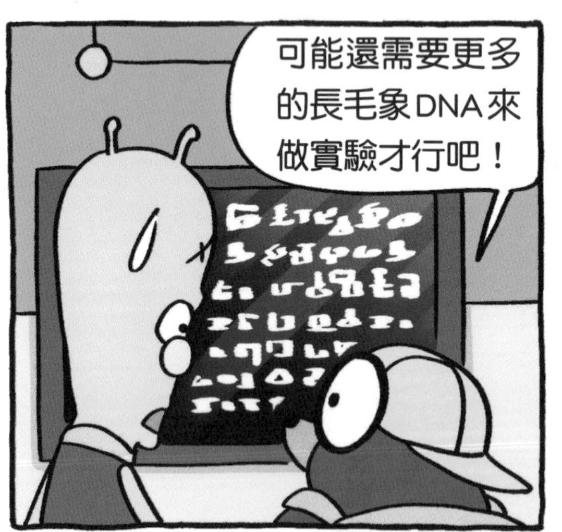
可能還需要更多的長毛象DNA來做實驗才行吧！

這時候，去哪裡找更多的長毛象DNA 呢？
傷腦筋～

這樣啊……

放走那個小孩吧，讓他回到人類的村莊裡。
我想我知道該怎麼做了……

還好你放走了這個
小孩，不然我就要以
綁架罪行逮捕你！

噓！小聲點！
別跟丟這個
孩子了！

喂！你為什麼故
意放走他，又偷
偷跟蹤呢？

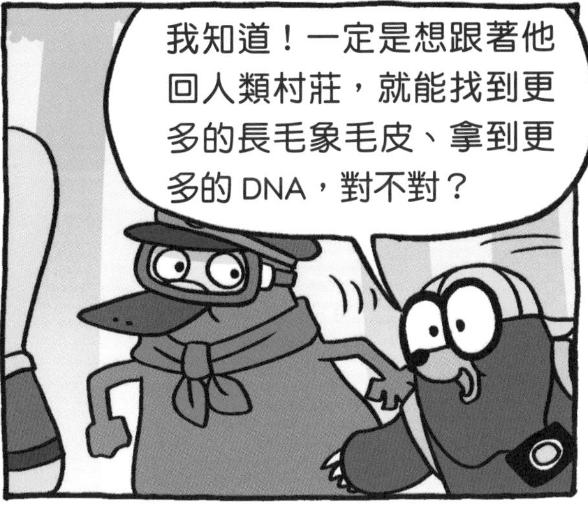
我知道！一定是想跟著他
回人類村莊，就能找到更
多的長毛象毛皮、拿到更
多的 DNA，對不對？

啊！
哎喲！
砰
咚

幹嘛突然
停下來啦！

這就是人類居
住的村莊嗎？
啊

全都是用長毛象骨
頭做成的房子！

沙
沙
滋
滋

梅日里奇的「象骨屋」

1965 年，位於東歐烏克蘭梅日里奇地區的一位農民，在自己家裡挖掘地窖時，挖到了 1 萬 5000 年前克羅馬儂人居住的四座象骨小屋。專家發現在這裡的骨頭大約取自 150 頭長毛象，有些象骨被用來搭建小屋，有些則充當食物和燃料。後來研究得知從東歐到俄羅斯的寒冷地區，都能找到這一類遠古時代的象骨屋。

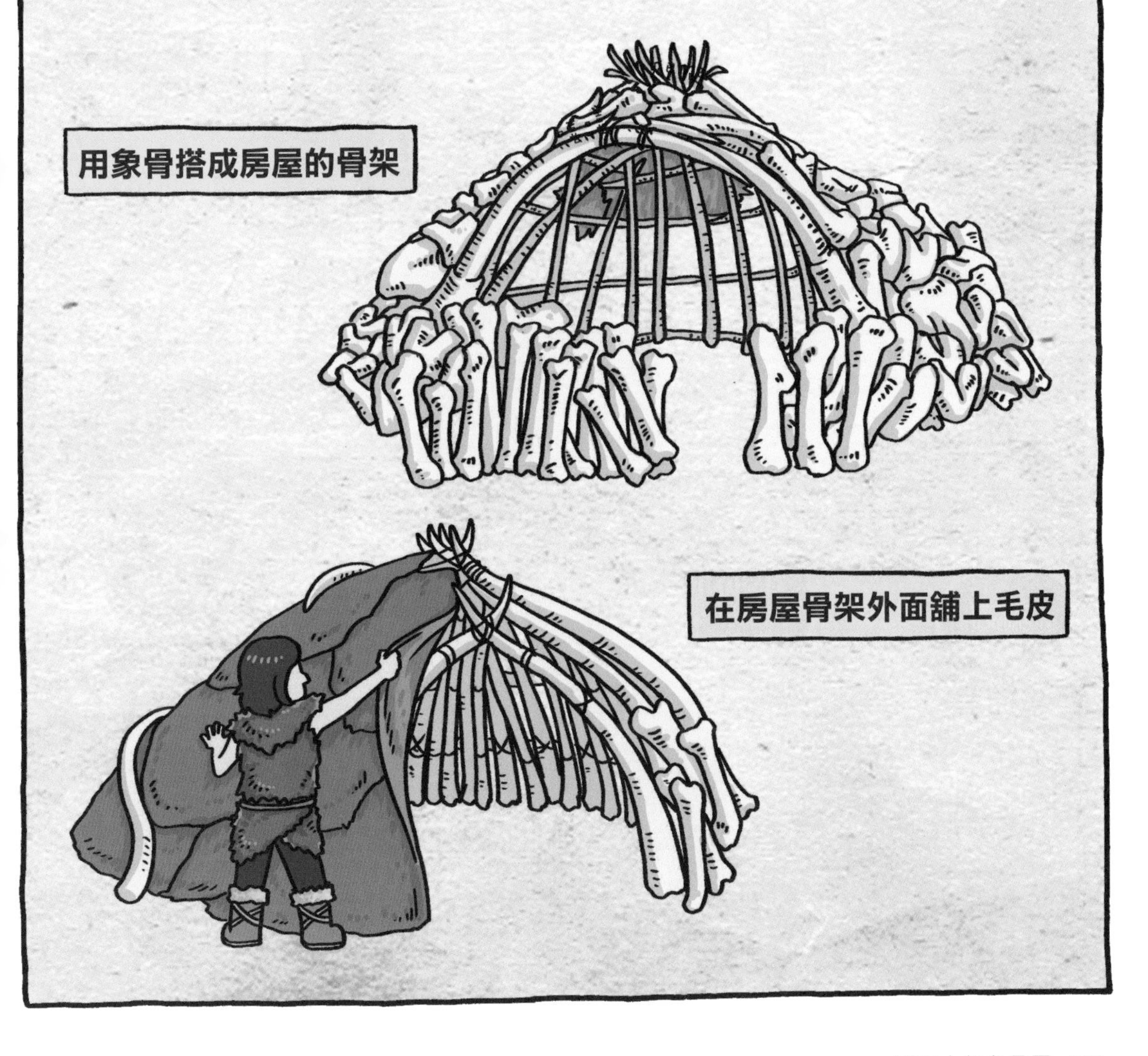

他們還把象骨當做
火堆在燒！

天啊，這些人類一定
殺了很多長毛象！

呵呵……

哈哈哈哈

奇怪，你怎麼
還笑得出來？
……

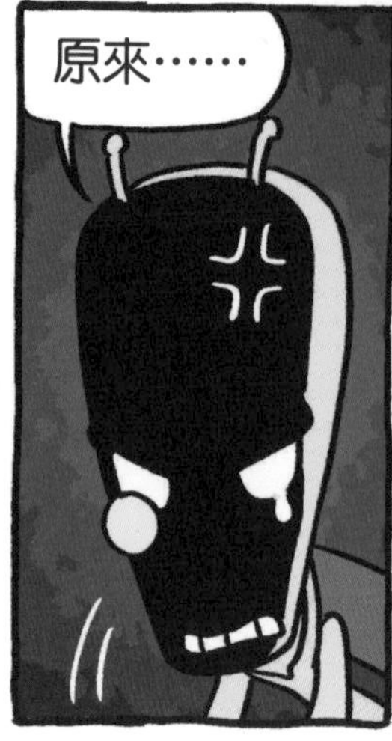
原來……

：人類不但殺死了這麼多長毛象，還抓光了雕齒獸、野牛、披毛犀、駝鹿……這些美麗的巨型動物，都是因為人類才滅絕的！

：這不能怪他們！原始人類也是地球動物的一種。他們獵殺其他動物，只是為了讓自己生存下去。

：你說的沒錯。但是你看人類實在太聰明，會製造武器、設計陷阱，破壞能力超強，難怪只要人類出現在哪裡，那裡的巨型動物就跟著滅絕！

：沒有證據可以證明，你可別亂說喔！

末次冰期的巨型動物可能因為人類而滅亡

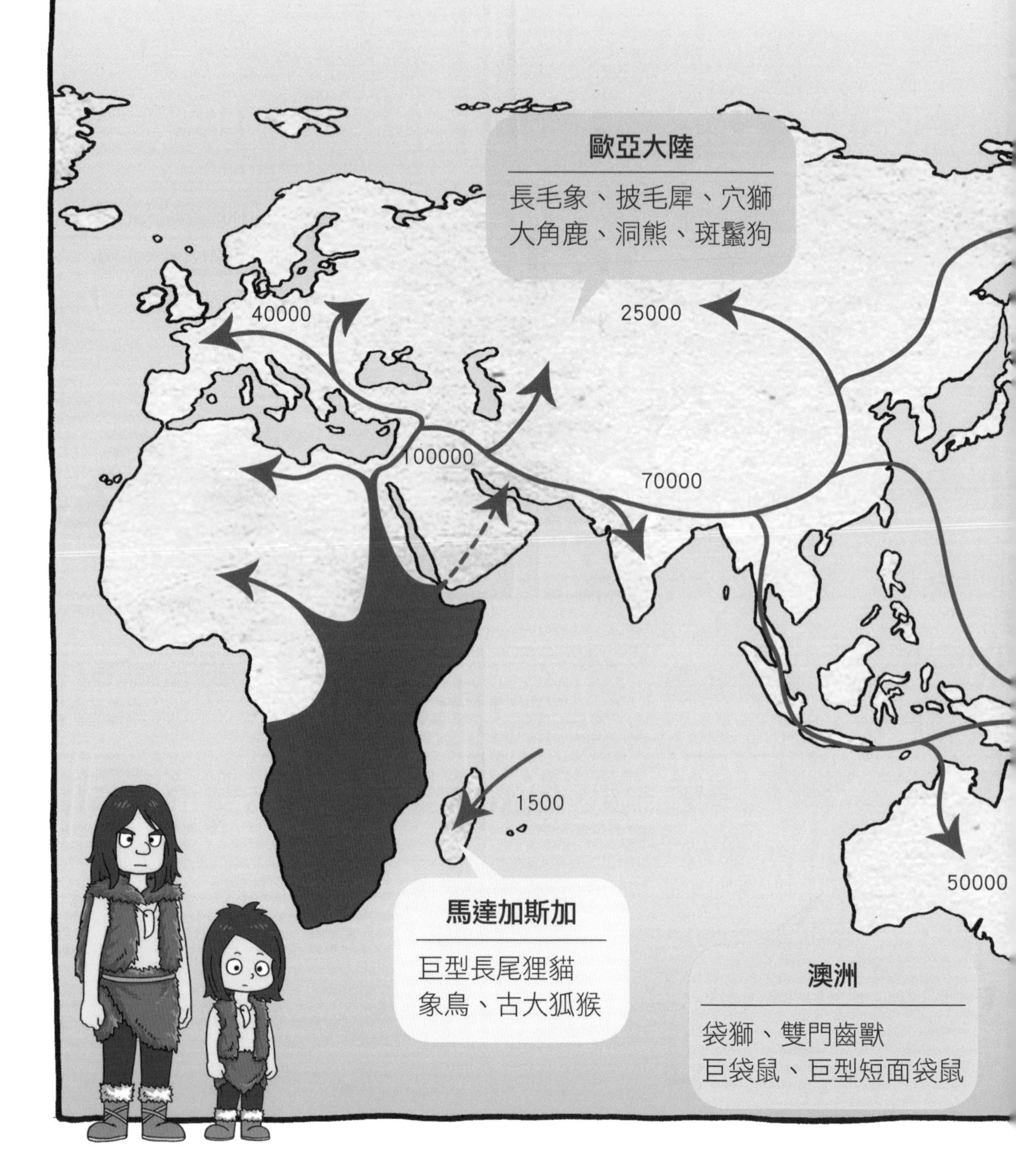

巨型動物又高又大，卻在上一次的冰期結束時神祕的大量消失。科學家在許多動物的骨骼化石上，發現人類製造的傷痕，也在化石旁找到原始人類製造的武器和工具。所以有人認為，人類可能過度捕捉草食動物，造成牠們絕種消失，而肉食動物也因為沒有草食動物可吃而走向滅亡。這些推論的明確證據就是，人類出現的時間與部分動物滅亡的時間非常吻合。以下是因為人類而大量減少或滅絕的動物。

※ 圖中的褐色箭頭代表早期人類遷移的方向，數字則代表距離現在幾年的時間。

人類的出現對動物造成的影響，不一定是大量的獵殺。有時候，人類砍伐森林當做居住地、放火燒掉林木改種農作物、捕獵肉食動物賴以維生的草食動物，或是帶來外來種生物，也會大大的影響動物的生存。有些動物是受到人類的危害，同時加上自然災害或氣候變化，最終才走向滅亡。

從下面的圖表可以看出來：人類最早出現在非洲，非洲的巨型動物有足夠的時間演化出適應人類的行為，所以受到人類出現的影響比較少。相反的，人類到達澳洲、北美洲、馬達加斯加的時間比較晚，動物來不及演化出適應人類的行為，就在人類到達後很快的集體滅亡。

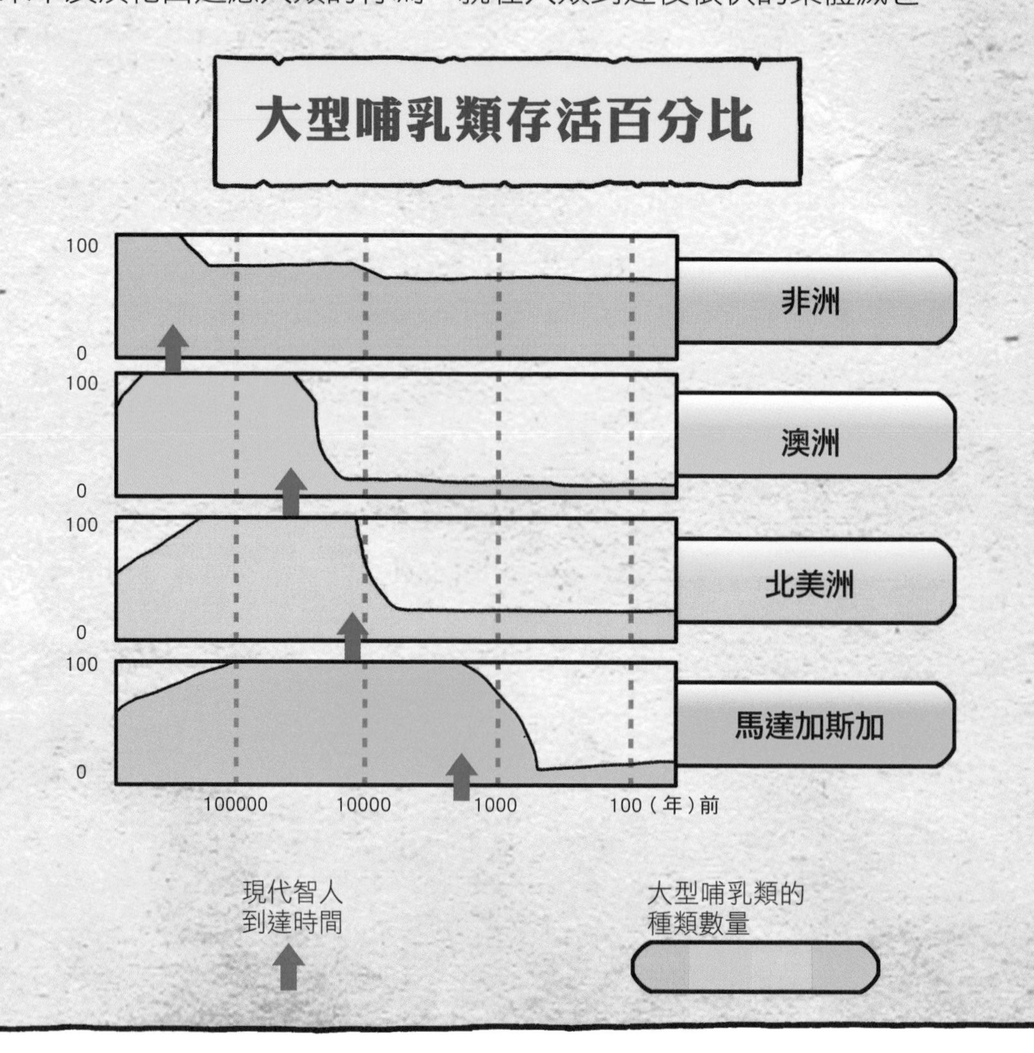

哼！這個村莊有這麼多象骨，就是個清清楚楚的鐵證！

只要有人類在，我的復活計畫永遠不會成功！我決定……

你……你要做什麼？

我要消滅所有人類，解救巨型動物！

千萬別做傻事！
不行啊！

好，就是這個了！

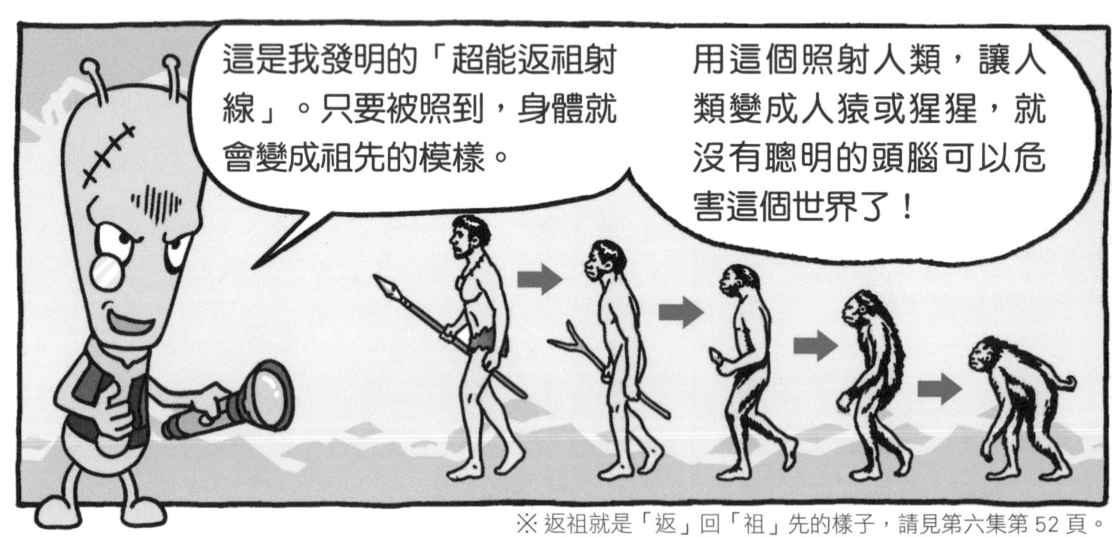

※ 返祖就是「返」回「祖」先的樣子，請見第六集第 52 頁。

你們倆閃邊去！
這些哥哥說過幾百遍，我都聽膩了！
啪
砰

可惡～

拿來！
休想！
達克比加油～
呃
哼
按

啊！

阿美！
砰
砰
啊
咔
咔

還我……
踩
嘿
嘿
是哥哥！
刷
哇哈哈，
媽媽來了！
什麼？我完了！
咻
接受偉大媽媽
的懲罰吧！

怎麼可以這麼
不乖！
媽媽～
對不起！
啊
啊
啊
你被禁足了！
跟我回家！
嗚哇哇～
咻
咻

※巨齒鴨嘴獸的介紹請看第六集第五單元。

我的辦案心得筆記

發現者：團長的弟弟

發現原因：為了拿到更多的長毛象毛皮，
跟蹤人類小孩回家

調查結果：

1. DNA的正式名稱叫做「去氧核醣核酸」。不同的生物細胞裡有不同的DNA，就像擁有不同的遺傳密碼一樣。
2. 基因也是由DNA組成的。「基因編輯」被認為是目前最有可能成功的復活技術。
3. 在冷凍了上萬年的長毛象裡，可以找到長毛象的DNA，但是通常有許多斷裂和缺損。
4. 許多巨型動物滅亡的時間點，與原始人類出現的時間吻合，但也有些與人類無關。
5. 團長弟弟被罰刷馬桶一個月，不准再隨便改變其他星球的動物歷史。

調查心得：

人類太聰明，闖禍第一名。
是萬物之靈？要好好反省。
如果沒愛心，動物心驚驚。
聰明又有愛，世界才太平。

下集預告

選美大會的三號佳麗發生了什麼事呢？

請看下集分

小木屋派出所新血召募
想和動物警察達克比一起出任務嗎？來個理解力大考驗，測試自己的辦案能力吧！

拿出達克比辦案的精神

1 **用「人工選殖」的方式，可以養出外形跟滅絕動物很像的動物，最好的例子就是「班驢計畫」。請排出「班驢計畫」的正確順序。**

答： ______________________________

❶ 在野外繼續尋找顏色較淺的斑馬，加入繁殖的行列。

❷ 每次都挑選淺色的斑馬交配，重複幾代以後，開始出現像斑驢的後代。

❸「布氏斑馬」是一種平原斑馬，外形最像斑驢。挑選並養育幾隻「布氏斑馬」。

❹ 挑選條紋顏色較淺的布氏斑馬交配，生出顏色更淺的第二代。

請找出下列題目的正確答案。

2 如果滅絕動物復活了，可能會有什麼問題？請選出正確的敘述。

答：________________

❶

滅絕動物和現代動物搶食、搶空間，反倒讓現代動物餓肚子而滅絕。

❷

滅絕動物無法適應現代氣候和環境，找不到適合生存的地方。

❸

地球上生存的動物越來越多，增加生物多樣性。

❹

有些動物需要向同類學習如何求偶、覓食，但復活後沒有學習的對象。

3 下列是讓滅絕動物復活的方式，請將右邊的文字連上正確的敘述。

複製技術 ●

迭代演化 ●

人工選殖 ●

● 
人類挑選長相接近的動物交配，慢慢培養出外形相似的個體。

● 
出生的寶寶，會和提供 DNA 的那位媽媽長得一模一樣。

● 
在大自然中按照過去類似的方式，重覆演化出來，但是十分少見。

解答篇

1 ③→④→①→②

2 ①

②

④

3

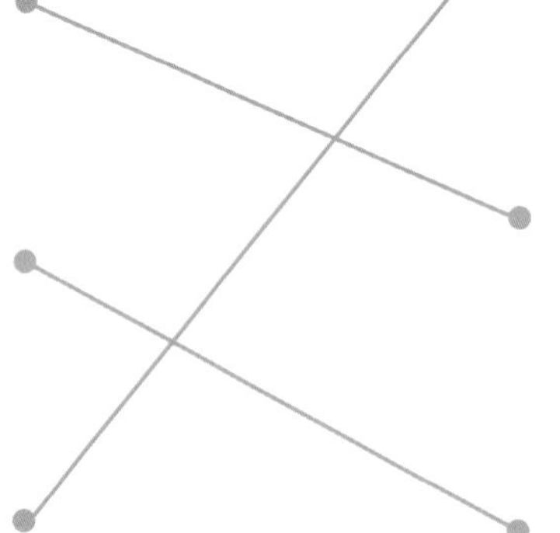

人類挑選長相接近的動物交配，慢慢培養出外形相似的個體。

出生的寶寶，會和提供 DNA 的那位媽媽長得一模一樣。

在大自然中按照過去類似的方式，重覆演化出來，但是十分少見。

左欄	連到的說明
複製技術	出生的寶寶，會和提供 DNA 的那位媽媽長得一模一樣。
迭代演化	在大自然中按照過去類似的方式，重覆演化出來，但是十分少見。
人工選殖	人類挑選長相接近的動物交配，慢慢培養出外形相似的個體。

● 你答對幾題呢？來看看你的偵探功力等級

答對一題 | 😐 你沒讀熟，回去多讀幾遍啦！

答對二題 | 🙂 加油，你可以表現得更好。

答對三題 | 😀 太棒了，你可以跟達克比一起去辦案囉！

多讀達克比，你以後
就可以跟我一樣變成
厲害的動物專家喔！

筆記欄

達克比辦案❾
冰原迷你象 巨型動物與復活生物學

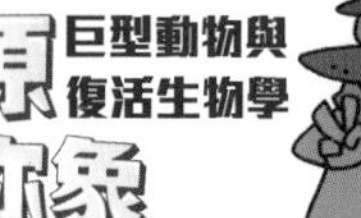

作者	胡妙芬
繪者	柯智元
達克比形象原創	彭永成
審定	楊子睿
責任編輯	林欣靜、張玉蓉
封面設計	林家蓁
內頁設計	柏思羽
行銷企劃	劉盈萱
天下雜誌群創辦人	殷允芃
董事長兼執行長	何琦瑜
媒體暨產品事業群	
總經理	游玉雪
副總經理	林彥傑
總編輯	林欣靜
行銷總監	林育菁
主編	楊琇珊
版權主任	何晨瑋、黃微真
出版者	親子天下股份有限公司
地址	台北市 104 建國北路一段 96 號 4 樓
電話	(02) 2509-2800
傳真	(02) 2509-2462
網址	www.parenting.com.tw
讀者服務專線	(02) 2662-0332 週一～週五：09:00~17:30
讀者服務傳真	(02) 2662-6048
客服信箱	parenting@cw.com.tw
法律顧問	台英國際商務法律事務所 ‧ 羅明通律師
製版印刷	中原造像股份有限公司
總經銷	大和圖書有限公司 電話：(02) 8990-2588
出版日期	2020 年 12 月第一版第一次印行
	2024 年 7 月第一版第十六次印行
定價	320 元
書號	BKKKC161P
ISBN	978-957-503-698-0(平裝)

訂購服務

親子天下 Shopping | shopping.parenting.com.tw
海外‧大量訂購 | parenting@cw.com.tw
書香花園 | 臺北市建國北路二段 6 巷 11 號 電話：(02) 2506-1635
劃撥帳號 | 50331356 親子天下股份有限公司

國家圖書館出版品預行編目資料

達克比辦案 9, 冰原迷你象：巨型動物與復活生物學 / 胡妙芬文；柯智元圖. --
第一版. -- 臺北市：親子天下, 2020.12
136 面；17×23 公分
ISBN 978-957-503-698-0(平裝)

1. 生命科學 2. 漫畫

360 109016983

p.107 By Charles R. Knight - http://birdbookerreport.blogspot.com/2012/01/new-title_30.html, Public Domain, https://commons.wikimedia.org/w/index.php?curid=18723877

p.107 右下方圖片提供：Shutterstocks 圖庫